暗黑時尚

创意、融合与新生

钱婧曦 编著

中国青年出版社　中青国际出版传媒 CYPI PRESS

PREFACE
前 言

黑色让我意识到冷静和节制，它几乎成为我的第二肌肤。

——山本耀司

作为一本设计师作品集，《暗黑时尚：创意、融合与新生》是中国青年出版社继《暗黑艺术：24位国际艺术家的黑色梦魇与创作》《黑暗之书：艺术家的绮丽梦魇与隐秘世界》之后推出的又一个以"暗黑"为主题的系列图书。笔者很荣幸能够成为本书的主编，与大家共同探讨暗黑风潮对当代时装设计的影响，并希望借由本书向读者呈现时装设计的多重维度与多面视角。

时装中的暗黑风格又名暗黑哥特主义（Dark Gothic）风格，起源于20世纪70年代，受到了哥特摇滚（Gothic Rock）、哥特金属（Goth Metal）与阴暗浪潮（Dark Wave）音乐的影响，逐渐形成了一种服装潮流。1981年，山本耀司和川久保玲将不规则的黑色系前卫服装带到了巴黎秀场，在当时引发了强烈的反响。20世纪80年代末到90年代初，安特卫普六君子凭借这一风格在时装界崭露头角，奠定了暗黑哥特风格在现代时装设计领域的地位。其中，瑞克·欧文斯（Rick Owens）的设计被称为"哥特极简主义"，其作品蕴含了一种斗争的情感，并致力于为弱势群体发声。亚历山大·王（Alexander Wang）在年轻一代设计师中颇具代表性，他从纽约的街头文化中获得灵感，设计出反奢侈、自由不羁的时装作品。

在本书中，我们有幸邀请到15位杰出的青年设计师分享他们的设计作品，并通过访谈的方式讲述他们的创作灵感与故事。设计师的灵感来源于个人的成长经历、内心感受以及对社会和人群的观察与反思。例如，以暗黑时尚为主题表达内心的彷徨与孤独，以其为载体为少数族裔或边缘人群发声等。根据不同的创意来源与设计风格，我们将设计师作品分为5个章节，依次是：戏剧与装饰主义、现代与极简主义、可持续设计、前卫设计与亚文化以及情感与抽象。希望读者能够在了解时装设计创意的同时，感受到多元文化的融合和青年设计师的新生力量。

感谢本书的编辑曾晟、我的同事邵新艳副教授以及各位设计师为本书的出版所做的努力。

我们在黑暗中踽踽而行，恰是为了寻找光明。

CONTENTS
目　录

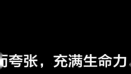
而夸张，充满生命力

高青紫

中国香港

服装设计师

帕森斯设计学院

暗黑对于我来说不是一
的情感，于我而言是一种
是自我探索（self-explor
验。这个过程是多方面的研
anything），我的系列没有

《完美恋人》系列作品01
材质：尼龙欧根纱、
双面珠片

❶ 你为什么以"暗黑风格"作为服装设计创新的主要灵感？是什么启发了你对暗黑时尚的兴趣？

暗黑对于我来说不是一种特定的风格，而是不同的关注焦点。那些细微的、内在的、不轻易表露的情感，于我而言是一种"暗黑"的兴趣点。最有趣的是一层一层地剥开表象探究内里的过程，无论是自我探索（self-exploration），还是对周围发生的人、事、物的探究，都值得花时间去调研以及实验。这个过程是多方面的研究，在最后才慢慢到达服装层面的设计点。暗黑可以是一切（Dark can be anything）。我的系列没有出现真正的黑色，但是它仍旧拥有暗黑风格。

❷ 请以你的设计作品（或系列作品）为例，谈谈你是如何以暗黑时尚为主题来传达设计思想的？

我的系列名字叫《完美恋人》（Perfect Lover），讲述的是男人和自己非生命恋人（充气娃娃或者女体的替代品）的关系。模特穿上这个系列的衣服后，感觉如同被宠溺的、被过度装饰的娃娃。这个系列可以说是有些病态的恋物情节，也可以说是对恋爱关系的绝对掌控。我"解剖"了一个充气娃娃，根据它的肢体特征设计了纸样。用类似橡胶质感的高密度尼龙创造独特的面料，旨在模仿娃娃被充气以及被泄气的过程。用钉珠展现娃娃被赋予的复杂情感和过度关照。

《完美恋人》系列作品02
材质：尼龙欧根纱、
金属刺绣线

《完美恋人》系列作品01
材质：尼龙欧根纱、
　　　双面珠片

❸ 请谈谈你的个人设计风格？对你来说，时尚意味着什么？

我的风格还在成长当中，混合了装饰主义、结构和复古。时尚对于我而言是一种连接设计师本身和这个世界的媒介。设计师用设计发声，传达自己对世界的看法。此外，时尚需要体现对社会以及环境的责任感（Besides, fashion should be socially responsible and environmentally responsible）。

❹ 在设计过程中，对你而言最有趣的是什么？你最看重的是什么？

在设计过程中，我感觉最有趣的部分是实验。例如，做这个系列我会拍摄充气娃娃与人类相处的过程，并且亲自拆解充气娃娃。设计的重点是如何把一个抽象的概念转化为具象的服装细节。这个过程能体现设计师的逻辑思维和想法。

❺ 你认为人们为什么推崇暗黑美学？暗黑美学体现了人们怎样的精神世界？

人总是会对自己不知道的事情十分感兴趣。暗黑可以是一切事物。人们可以从暗黑美学中找到自己的共鸣点，或者被其中隐秘的情感击中。暗黑并不代表着邪恶或者阴暗，暗黑有时只是每个人都怀揣的秘密，有些或许难以言表，如同有的人穿黑色会有安全感。更多时候，对"暗黑"感兴趣只是人的本能。

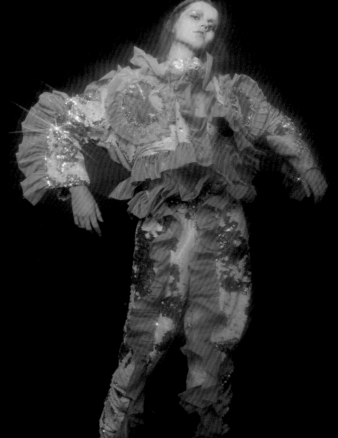

《完美恋人》系列作品03
材质：金属丝欧根纱、
玻璃水晶、金属刺绣线

《完美恋人》系列作品04
材质：金属丝欧根纱、
玻璃水晶、金属刺绣线

《完美恋人》系列作品05
材质：透明纤维金属面料、玻璃水晶、珠绣欧根纱

《完美恋人》系列作品05
材质：透明纤维金属面料、
玻璃水晶、珠绣欧根纱

《完美恋人》系列作品05
材质：透明纤维金属面料、玻璃水晶、珠绣欧根纱

石慕珂
中国
服装设计师
北京服装学院

设计灵感

　　我一直觉得设计师应该具有社会意识与责任感，往大了说是格局，往小了说是设计目的。作品是沟通设计师与外界的媒介，它是传达语言的一种方式。作为一个戏服设计师，当我去挖掘人物内心的美丑善恶，我也在挖掘自己、挖掘人性。我尊重雨果对原著的思考，在我的人物上，我将思考黑暗与光明，丑与美的精神外化表达。我选择了卡西莫多、克劳德、隐修女、弗比斯和爱斯梅兰达作为我的角色。通过分析人物内心将美学上的丑与美和人物本体上的丑与美进行对比与结合。例如，克劳德长期处于黑暗中，被禁锢的欲望在高压下将他原有的人性扭曲，他的孤寂在副主教的庄严与冰冷中外化。

《巴黎圣母院》系列作品01
隐修女
材质：多种棉麻、再生织物、
硅胶、发泡、麦穗

访谈

❶ 你为什么以"暗黑风格"作为服装设计创新的主要灵感？是什么启发了你对暗黑时尚的兴趣？

暗黑是一种风格，时尚易逝，风格却永存。"人类一边创造了巴黎圣母院，一边又创造了奥斯维辛。"但黑暗总是站在光明的背面，当我们思考黑暗时，我们也正在思考光明、自由与平等。思维正如一个时间的行者，踏过横尸遍野，为黑暗中的逝者们抚去墓碑上的积灰。

❷ 请以你的设计作品（或系列作品）为例，谈谈你是如何以暗黑时尚为主题来传达设计思想的？

黑暗与光明是无法分割的，相对于绚丽，黑暗能使我感到清醒，获得一种踏实感，使自己永远身居幕后，将作品呈现给前台。

❸ 请谈谈你的个人设计风格？对你来说，时尚意味着什么？

我喜欢一切有生命力和爆发力的作品，时尚也是一样，它是最鲜活的血液。

《巴黎圣母院》系列作品02
爱斯梅兰达
材质：弹力网纱、风干花、
稻壳、纸花瓣

《巴黎圣母院》系列作品02
爱斯梅兰达
材质：弹力网纱、风干花、
稻壳、纸花瓣

❹ 在设计过程中，对你而言最有趣的是什么？你最看重的是什么？

在设计过程中，最有趣的是创造与逻辑碰撞的时候，将思维按照逻辑去落实。

❺ 你认为人们为什么推崇暗黑美学？暗黑美学体现了人们怎样的精神世界？

暗黑美学既是爆发力，又是理智的产物。每个人都有情感爆发的一面，也会有冷静思考的一面，暗黑美学是一个生活的平衡点。

《巴黎圣母院》系列作品03
克洛德·弗洛罗
材质：模型木材、有机玻璃

《巴黎圣母院》系列作品03：克洛德·弗洛罗（细节）

《巴黎圣母院》系列作品03：克洛德·弗洛罗

材质：模型木材、有机玻璃

《巴黎圣母院》系列作品03：克洛德·弗洛罗效果图

《巴黎圣母院》系列作品04
卡西莫多
材质：数码印刷氨纶、夏布、
拉菲草、干槟郎

《巴黎圣母院》系列作品04
卡西莫多效果图

《巴黎圣母院》系列作品05
弗比斯（局部）
材质：人造皮革、棉绳、有机玻璃

Modernity & Minimalism
第二章　现代与极简主义

极简主义风格摒弃了繁复的装饰，强调线条与结构的自然美，赋予时装更加现代的轮廓与造型，体现了设计师回归本真的初心，是当代时装设计的重要趋势之一。

李聪颖
中国
自由职业设计师
伦敦时装学院

设计灵感

受到"黑船来航"和明治维新的启发，我希望这个系列既能诠释东方文化，又能展示西方美学。这个系列具有一些现实意义，现代生活节奏匆忙，技术发展日新月异，给人们带来了巨大的心理负担，这个系列看准了重压之下的现代人的内在需求，并且结合了新的价值观和传统工艺，如褶皱、缩缝和手工缝纫。我希望能传播愿景和个人美学，让人们打破当下精神生活的界限，感受自然之美和随机的极简主义。

本系列的主要用料是棉、亚麻、西装或质地类似的面料。用料要轻要高质，以便于做造型和打造细节，比如做一些盒状结构和褶皱。网格或者针织也可以在某些部位小范围地使用，进而营造对比度，带来一种层次感。

《突破》系列作品01
材质：羊毛与棉复合面料（大衣）、
　　　棉涤（裤子）
《突破》系列作品02
材质：羊毛与棉复合面料（夹克）、
羊毛与棉复合面料、棉涤（半身裙）

你为什么以"暗黑风格"作为服装设计创新的主要灵感？是什么原因让你确定"暗黑时尚"的设计方向？

一开始做设计的时候，我并没有有意选择"暗黑时尚"。我个人更喜欢在设计中重点突出一两个部分，而不是大量堆砌多种元素。不可否认的是，最近有许多好看的系列都青睐加色设计，但我更喜欢减色设计。如果我逼迫自己往设计里添加更多元素，那么设计就不再遵循我的内心。还有，我向来热衷图案切割和裁剪，也就是说，我更喜欢简单的调色。对我来说，深色系，特别是黑色，有很大的包容性。我认为，黑色可以比任何其他明亮的颜色更好地粘合整个设计，因为服装结构带来了深重的暗影，不同质地的材质也带来了微妙的对比。渐渐地，"暗黑"成为我所有设计的核心元素。

请以你的设计作品（或系列作品）为例，谈谈你是如何以暗黑时尚为主题来传达设计思想的？

这个系列的灵感来源主要是明治维新，日本历史上的一次变革。除了自己习惯性地使用深色之外，我发现黑色能传达东方力量，还能营造这个系列我想要的禅宗气氛。另外，这个系列的关键词是"突破"，新的力量终于从旧事物的沉重束缚中破壳而出。对我来说，在这个设计语境中，黑色燕尾服完美地表达了这种沉重。如果你更仔细看，你会注意到我还加入了海军蓝的色调。海军蓝是深色的，跟黑色搭在一起，很和谐。同时，海军蓝也是冷色的，带来了现代感和清新气息，代表着"新的力量"。总的来说，"暗黑"是我的标签，是我设计的语言。

❸ 请谈谈你的个人设计风格？对你来说，时尚意味着什么？

我喜欢简单、沉静但强大的东西，所以我常常会在设计中无意识地表达这些想法。我觉得，时尚是一种生活方式。时尚包含许多风格，许多类型，其中一些风格甚至完全相反，但总有一种是最适合你的风格。

❹ 在设计过程中，对你而言最有趣的是什么？你最看重的是什么？

设计中最激动人心的部分就是寻觅到了未知，或者偶遇了意外。我喜欢图案裁剪和立体裁剪。我通常先在脑子里完成大部分的计算，然后在纸上画出草图。然而，对于这个系列，我尝试了不同的思路，一开始，我就打定主意，图案只使用正方形和矩形。正方形和矩形这些基本图形与现在大多数由曲线组成的图案相比，看起来非常不同，没完成上身的立体剪裁之前，我都不知道具体的服装结构会是什么样子。我放在面料上的每个别针，都带来了全新的外观。在这个上手实验的过程里，我发现了很多乐趣。自己动手做各种尝试，正是我最看重的部分。

《突破》系列作品效果图

⑤ 你认为人们为什么推崇暗黑美学？暗黑美学体现了人们怎样的精神世界？

欣赏黑暗美学，千人千面。对于一些人来说，暗黑让他们联想到平静、冷静和深沉的概念；对于其他人来说，也许只是因为他们喜欢哥特文化……我也不知道。我很喜欢深色调，特别是黑色，因为它带来了沉默、平静和力量。它只是一种简单的颜色，却如此具有包容性：死亡、冷漠、什么都在其中，抑或什么都不在里面。它吸收了所有其他的颜色和光线，给我们带来了深度思考和想象的无限空间。

《突破》系列作品(1)
材质：羊毛与棉复合
面料（夹克）、羊毛
与棉复合面料、棉涤
（半身裙）

《突破》系列作品01
材质：羊毛与棉复合面料
（大衣）、棉涤（裤子）
《突破》系列作品02
材质：羊毛与棉复合面料
（夹克）、羊毛与棉复合
面料、棉涤（半身裙）

《突破》系列作品01
材质：羊毛与棉复合面料
（夹克）、羊毛与棉复合
面料、棉涤（半身裙）

《突破》系列作品04
材质：棉涤（吊带上衣）
　　　棉涤、羊毛（半身裙）
《突破》系列作品03
材质：真丝欧根纱、棉涤（连衣裙）

《突破》系列作品04
材质：棉涤（吊带上衣）、
　　棉涤、羊毛（半身裙）

《突破》系列作品05
材质：真丝欧根纱，棉涤（连衣裙）
《突破》系列作品06
材质：棉涤、棉涤与棉复合面料
（裙式上衣）、棉涤（裤子）

《突破》系列作品03
材质：真丝欧根纱、
棉涤（连衣裙）

《突破》系列作品04
材质：棉涤（吊带上衣）、棉涤、羊毛（半身裙）
《突破》系列作品03
材质：真丝欧根纱、棉涤（连衣裙）

夏润秋
中国
服装设计师
北京服装学院

设计灵感

《Marginal Emotion》：设计灵感来源于电影《火柴厂女工》，该片以长达3分钟的火柴制作工艺开始，用机器的轰鸣和机械碰撞的尖锐声响将工业社会的冰冷和麻木传递给观众。设计师通过平裁和解构的方式在衣服和人体之间寻找人们压抑和绝望的情绪。尖锐的立体结构造型好像从身体里涌出，表现出无尽的失落、抑郁和工业化时代对人们生活的异化。

《Stripes》：设计灵感来源于巴黎卢浮宫，宫殿天顶的弧线和直线穿插形成独特的形式美感。圆形和条纹，是人类最早感知的图像。简单的圆弧和错落的线条相互穿插、交叠和融合，让设计的形态充满了未知的可能性。在设计制作过程中，设计师不断采用圆弧分割与细褶线条自由组合的方式，探讨线条和人体的自由关系；褶裥随着人体节奏感的变化也会产生不一样的形式感。

《Marginal Emotion》系列作品01
　　材质：麂皮绒

访谈

❶ **你为什么以"暗黑风格"作为服装设计创新的主要灵感？是什么启发了你对暗黑时尚的兴趣？**

暗黑是慵懒随性、神秘莫测的，给人无限遐想的空间。无论你如何抵触黑暗，它都是客观存在的。黑暗与光明的对立如同天平，没有黑暗，也就不能突显光明的珍贵。黑暗能让我感受到各种情绪，有愤怒、宣泄、失望和孤独。它是有受众的，所以它才能存在。这也是选择以"暗黑"作为我服装设计创新的主要灵感的原因。

《Marginal Emotion》系列作品01（局部）
材质：麂皮绒

《Marginal Emotion》系列作品01
材质：麂皮绒

《Marginal Emotion》系列作品02
材质：麂皮绒

❷ 请以你的设计作品（或系列作品）为例，谈谈你是如何以暗黑时尚为主题来传达设计思想的？

我的设计作品运用创新的裁剪方法，与人体线条相结合，融入自己对服装美感的理解。全身以黑色作为主色，用最简洁却又最具神秘感的颜色来表达服装的美感和艺术感。我一直坚信衣服是有情绪的，能够传达设计师内心的声音，用最直观的视觉感受表达我对时尚的理解与诠释。

❸ 请谈谈你的个人设计风格？对你来说，时尚意味着什么？

我认为所谓高级成衣，不一定设计要多么花哨，而是穿上之后的妥帖感，流露出无须任何言语就能让人隐隐尊重的气场，是经得起千锤百炼的简约，是细节中不动声色的讲究。

时尚并不仅存在于服装中，还存在于生活的各个角落，存在于天空中、街道上。时尚与我们的观念、生活方式以及周遭所发生的事情密切相关。时尚是非常重要的，它改善了生活，就像是所有能给人带来快乐的事情一样，值得我们去做得更好。

《Marginal Emotion》系列作品02
材质：麂皮绒
《Marginal Emotion》系列作品03
材质：麂皮绒
《Marginal Emotion》系列作品04
材质：麂皮绒

《Stripes》系列作品01（局部）
材质：精纺羊毛，
缎面半棉（里布）

❹ 在设计过程中，对你而言最有趣的是什么？你最看重的是什么？

有趣的是不断探索创意的裁剪方式，不断研究身体与衣服的关系，不断找寻适合自己的服装设计语言。我最看重的是设计语言中的平衡与协调，给人以舒服的视觉感受。设计，最难于"平衡"二字，严谨而平衡的设计美学是我一直以来所追求的，也是我长久以来努力的方向。

❺ 你认为人们为什么推崇暗黑美学？暗黑美学体现了人们怎样的精神世界？

一部分人在黑暗里沉沦，而另一部分人在黑暗里挣扎、救赎，他们坚信自己最终还是会走向光明，其实宗教的本义也差不多如此，告诉人们要救赎自己，向善，向着光明。

《Stripes》系列作品01
材质：精纺羊毛，缎面半棉（里布）

袁方亮
中国
服装设计师
拉萨尔学院

设计灵感

设计灵感来自塞纳河畔的微风，设计师在河边漫步时发觉将轻薄飘逸的面料进行压褶，可以更好符合设计主题。作品采用了立体裁剪的制作手法，在保证作品廓形的基础上，将褶皱面料与中国传统艺纸扇的设计概念相融合；整体风格偏向暗色系，深沉而又不失灵动。

《褶·扇》系列作品01
材质：压褶欧根纱、压褶真丝

❶ 你为什么以"暗黑风格"作为服装设计创新的主要灵感？是什么启发了你对暗黑时尚的兴趣？

首先我认为黑色是非常能体现质感的一种颜色，同时我个人非常喜欢黑色。黑色能够在体现细节的同时很好地兼顾高级成衣的质感。

❷ 请以你的设计作品（或系列作品）为例，谈谈你是如何以暗黑时尚为主题来传达设计思想的？

首先，材质上我选择了很有质感、垂感的真丝材料；其次，颜色上我都选择了暗色系的色调，如中蓝黑褶皱搭配纯黑欧根纱。我觉得暗色系的服饰能够让我更专注于设计本身。

❸ 请谈谈你的个人设计风格？对你来说，时尚意味着什么？

我个人的设计风格比较偏向于可穿艺术（wearable art）。我认为时尚的意义在于它可以给消费者或收藏者带来精神和心理上的满足，在穿着高级定制服装的同时能够得到大家的认可。同时，我认为好的作品需要具备一定的可穿性。

《褶·扇》系列作品02

材质：压褶聚酯纤维

《褶 · 扇》
系列作品02（局部）
材质：压褶聚酯纤维

❹ 在设计过程中，对你而言最有趣的是什么？你最看重的是什么？

　　我认为，在我的设计过程中最有趣的是，从接到设计命题到制作出成品的这种从无到有的过程；在设计的过程中我最看重的是，在兼顾设计的同时能够使作品具有可穿性。

你认为人们为什么推崇暗黑美学？暗黑美学体现了人们怎样的精神世界？

暗黑美学其实是高雅而有内涵的，同时这种低调、深沉的美学是人们内心所渴望的。我觉得dark fashion能够挖掘人们更深层次的创意，那些在心底深处的东西，有时候能给人带来意想不到的创造力和灵感。

Sustainable Design
第 三 章　　可 持 续 设 计

可持续时尚是全新的议题，表达了当代设计师对于时尚行业的反思；隐逸浮华，设计师开始以全新的视角审视时装本身，以再设计、再利用、升级改造、仿生设计等方式表达自己对于环境、社会与人群的思考。

卢卡·列维
匈牙利
服装设计师
VIA大学学院
www.lucalevai.com

设计灵感

　　我的多次澳洲之行让我体验了世界上最古老的原住民文化，给《城市部落》（URBAN TRIBE）带来了灵感。URBAN TRIBE是一个100%升级回收系列，呈现土著文化和消费社会的价值反差与心态迥异。这既是一场变革，又是一种庆祝，重拾被遗忘的价值观以及人类的过度消耗，反抗人类对周遭一切的控制。同时，这个系列庆祝城市世界中人类的精神和能量。城市里，人类的灵魂想要挣脱束缚，这是觉醒的庆祝。合理利用扔掉的废弃物，变废为宝，《城市部落》系列的故事讲述极具质感，提醒人们关注无意识的浪费，并引导人们关注正念生活。

《城市部落》01/02
对废弃的织物和消费后
废物中的中性服装进行
回收升级

访谈

❶ 你为什么以"暗黑风格"作为服装设计创新的主要灵感？是什么启发了你对暗黑时尚的兴趣？

我做的是可持续的升级时装和织物设计。澳大利亚原住民的生活哲学与我们的现代生活形成强烈对比，给我带来了灵感，也令我质疑我们熟悉的、流行的传统时尚，促使我做出改变。我想要不走寻常路，孜孜以求利用素材的新方法，竭力尝试各方面的可能性。我个人多次去澳洲旅行，亲历世界上最古老的原住民文化，并写了一篇稿件，主题就是澳大利亚的可持续慢时尚和升级回收。旅行和写稿经历都促使我去对比土著文化和欧洲的消费社会，也让我探寻时装界使用纺织废料的可能性。《城市部落》（URBAN TRIBE）系列的物料都是从丹麦各地收集的消费和生产废料，设计流程十分直观，把废弃材料变成形态各异的时装。

❷ 请以你的设计作品（或系列作品）为例，谈谈你是如何以暗黑时尚为主题来传达设计思想的？

在整个时装制作过程中，废织物是重中之重。从美学角度来说，我想通过纹理和颜色来表达能量，制作独辟蹊径的服装，采用意想不到的深色调和纹理。一方面要表达野性和自然，另一方面成型的时装应该兼具都市风情和可穿性。融合原住民部落精神的元素、现代多元文化以及消费社会的元素，连接两个断裂的世界，缓慢的、自然的与人工的快速融合，呈现出现代精神都市战士的形象。

❸ 请谈谈你的个人设计风格？对你来说，时尚意味着什么？

我的时装设计和织物设计，可以界定为不断寻找新的创作方式。采用抽象可视化和新混合媒体技术，质疑素材的传统特性。既是发展创新理念，也是通过外观进行敏感的故事讲述。我的设计是一种沟通方式。秉持可持续时尚和织物设计理念，就意味着要通过旅行和不断质疑时装行业运行的各种模式而成为世界上更加敏感的信息接收者。

《城市部落》01/02
对废弃的织物和消费后
废物中的中性服装进行
回收升级

《城市部落》03/04
利用混合的媒介工艺，对
消费后废物中手工制作的
中性服装进行回收升级

❹ 在设计过程中，对你而言最有趣的是什么？你最看重的是什么？

我的设计过程充满情感，十分个性化，非常直观。在我着手设计的时候，很多感受、自我体验和感官都能成为灵感，带来抽象的视觉图景，最后成为物料和设计成品。就好比我们"化无形为有形"，把情愫感觉变成可以触碰的物理形式。我觉得时装的这种表达形式非常美丽。

⑤ 你认为人们为什么推崇暗黑美学？暗黑美学体现了人们怎样的精神世界？

不管是艺术，还是设计，或者是时装本身，任何偏离主流的方向，都是为了质疑某个特定系统的核心准则和传统。很多人毫无主观意识，都会心驰神往，被这种自由和解放所吸引。

《城市部落》02
升级回收织物废料中的男性服装，
只用缝制的方法处理织物

《城市部落》03/04/05
升级回收的街头服装，100%由消费后
织物废料制成

《城市部落》04/05
布景设计中的升级
回收系列

《城市部落》01/03
布景设计中的升级
回收系列

《城市部落》01/03/04/05
布景设计中的升级回收系列
城市部落的用料细节

陈约翰
中国台湾
时尚设计师
台湾实践大学

设计灵感

　　工业革命以来，环境破坏越来越严重，温室气体排放剧增，气温逐年上升。研究表明，如果所有的冰山和南极的冰都融化了，海平面会上升65.8 米。到那时候，除了住在陆地上，人类还要寻求水下和水面上的生活。我们的世界会变成一个两栖世界。

　　这些服装是为未来四类专业人员设计的两栖功能性服装，包括清洁工、救生员、警察和农民（食物提供方）。目的是解决两栖生活的问题，重新定义未来人类的穿着方式。

《两栖世界》系列作品01
材质：潜水布/太空棉、人造皮革、
塑钢拉链、反光条、热转印字体

OUS WORLD CHEN X WANG THE AMPHI3

《两栖世界》系列作品01
材质：潜水布/太空棉、人造皮革、
塑钢拉链、反光条、热转印字体

请谈谈你的个人设计风格？对你来说，时尚意味着什么？

我觉得，我的个人风格结合了时装的功能性和美感。时尚，在我的脑子里，是一种平衡。真时尚，得能被人们穿在身上，所以服装总是能吸引我。

❹ 在设计过程中，对你而言最有趣的是什么？你最看重的是什么？

我觉得，做设计的时候，最有意思的就是思考未来的衣服应该具有什么功能。我想，这个们也会重新审视未来的世界，这是最有意义的地方。

《两栖世界》系列作品01（局部）
材质：潜水布/太空棉、人造皮革、
塑钢拉链、反光条、热转印字体、
滑板轮子、PVC厚泡棉、裙撑

CLEANER

《两栖世界》系列作品01（局部）
材质：潜水布/太空棉、人造皮革、
塑钢拉链、反光条、热转印字体、
滑板轮子、PVC厚泡棉、裙撑

我认为，因为暗黑之美充满神秘感，人们才会推崇暗黑美学。沉重而黑暗的色彩，神秘的、哥特式的时尚，还有风格统一的特色，暗黑美学也反映了人们的精神世界。

《两栖世界》系列作品01

材质：潜水布/太空棉、人造皮革、塑钢拉链、反光条、热转印字体、滑板轮子、PVC厚泡棉、裙撑、PVC透明片、棉布条

《两栖世界》系列作品02
材质：潜水布/太空棉、人造皮革
塑钢拉链、反光条、热转印字体
滑板轮子、PVC厚泡棉、裙撑
PVC透明片、棉布条

《两栖世界》系列作品02（局部）
材质：潜水布/太空棉、人造皮革、
塑钢拉链、反光条、热转印字体、
滑板轮子、PVC厚泡棉、裙撑、
PVC透明片、棉布条

《两栖世界》系列作品02（局部）
材质：潜水布/太空棉、人造皮革、
塑钢拉链、反光条、热转印字体、
滑板轮子、PVC厚泡棉、裙撑、
PVC透明片、棉布条

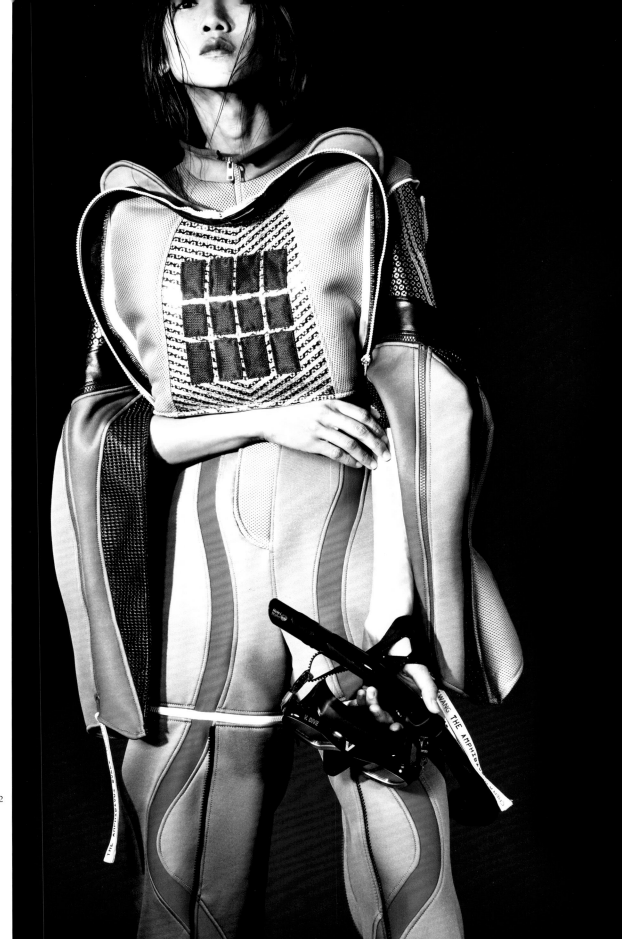

《两栖世界》系列作品02
材质：潜水布/太空棉、
人造皮革、塑钢拉链、
反光条、热转印字体、
板轮子、PVC厚泡棉、
裙撑、PVC透明片、
棉布条

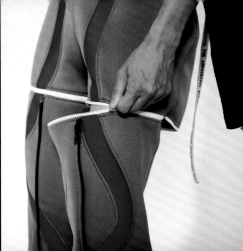

《两栖世界》系列作品02

材质：潜水布/太空棉、人造皮革、
塑钢拉链、反光条、热转印字体、
滑板轮子、PVC厚泡棉、裙撑、
PVC透明片、棉布条

《两栖世界》系列作品02（细节）

《两栖世界》系列作品02（局部）
材质：潜水布/太空棉、人造皮革、
塑钢拉链、反光条、热转印字体、
滑板轮子、PVC厚泡棉、裙撑、
PVC透明片、棉布条

苏航
中国
服装设计师
帕森斯设计学院
https://www.summersu.com

设计灵感

　　设计师希望《囹圄之裙》这个系列传达的信息是：时装不一定是以精致的面料和完美的剪裁制作成，也不一定是由随处可见的普通面料制成。时装可以由任何不完美的、残缺的、人们可以想象得到材料来制作。

《囹圄之裙》系列作品01
材质:皮质绳、牛仔布、
金属扣、铁链

访谈

❶ 你为什么以"暗黑风格"作为服装设计创新的主要灵感？是什么启发了你对暗黑时尚的兴趣？

在我看来，暗黑时尚是时尚的黑暗面。暗黑时尚像是某些不受欢迎的事物。不应该把暗黑时尚当成一种封闭的亚文化，而应该把它视为一种社会环境，它包含一群志趣相投的人。人们认为暗黑时尚是用来表达严肃、黑暗和神秘主义的方式，同时能表达无望、空虚和忧郁，与哀悼和死亡有关联。

有时候，我想要用黑暗或者敏感的东西引起人们的注意。作为一种压制性的惩戒工具，囚服的规范通行了200多年。囚服的历史，从一个侧面反映了国家依照通行的处罚条例对犯下罪行的人所采取的社会建构，还反映了政治与囚徒的自我构建之间错综复杂的交汇。不能保证我的系列100%都是暗黑时尚，但我确实选择了一些细节来反映不同文化的混合。

人们很容易混淆时尚的暗黑面和前卫艺术，如经典的哥特艺术、大堆的黑色衣服和浓厚的妆容。现实的情况是，就像任何其他社交群体一样，哥特文化中也有不同的子集，每个子集都有自己独特的外观、个人品味和音乐喜好，这就是我喜欢暗黑时尚的原因。暗黑时尚不仅仅是一种亚文化，它不仅仅是黑色，不仅仅关于创意。

《囹圄之裙》系列作品01（局部）

材质:皮质绳、牛仔布、

金属扣、铁链

《囹圄之裙》系列作品01
材质:皮质绳、牛仔布、
　　金属扣、铁链

❷ 请以你的设计作品（或系列作品）为例，谈谈你是如何以暗黑时尚为主题来传达设计思想的？

我就用最喜欢的一些外观设计作为我个人暗黑时尚系列的代表吧。这个色调非常黑暗，长礼服个性很突出。鞋子上的锁链代表了权力、控制、服从、屈辱、颠覆和抵抗。前面用网状物包住了，象征着监狱中的那些铁窗。模特的发型和妆容，多采用简洁的线条，简单却具有戏剧性。这种造型不仅描述了因犯对因服的感受，还用服装介绍了刑法改革的历史和更广泛的文化组合。

❸ 请谈谈你的个人设计风格？对你来说，时尚意味着什么？

我从来没有给自己的风格做一个明确的定义。我的风格，可能与当前流行的趋势一致，或者看我自己的生活状况，或者取决于任何一种情绪。但总的来说，我喜欢混搭街头风格和地下的东西，都不会太鲜明，精致的细节设计也是必需的。

乔瓦尼·范思哲（Gianni Versace）说："不要追求潮流，不要让时尚主宰，你自己才是决定个性、衣着风格和生活态度的一切。"对我来说，时尚是无声的自我介绍。时尚也是一种自我表达的方式，带领自己走出舒适区、尝试新事物，从而增加自信心，可以向人们展示你的本色，为自己感到骄傲。

《图图之裙》系列作品02
材质：皮质绳、布料剩线头、牛仔布、金属扣

《圈圈之裙》系列作品03

在设计过程中，对你而言最有趣的是什么？你最看重的是什么？

最有趣的部分就是从不同的角度发掘囚犯的生活。我观看了各种相关的电视节目和电影，采访了真正的囚犯，而且这名囚犯还在监狱做过工。我了解了囚犯生活的真相，当然电视节目和现实生活之间也存在一些差异。我觉得很有意思，因为这其实是一个很危险的话题，采访中，我得非常小心。因为我之前从未有过这种经历，所以这次能接触囚犯我感到非常兴奋。

最珍贵的经历就是，我学了很多织物制造的技艺，如何利用织物，如何让我的设计系列更具有可持续性，而不是毫不顾忌织物的价值和之后的废置。还有，选择材料也真的很有趣，因为我尝试了很多和时尚不沾边的东西，把它们变成织物的一部分。整个过程漫长，但是很有意思。

你认为人们为什么推崇暗黑美学？暗黑美学体现了人们怎样的精神世界？

在时尚界，新生事物风靡一时，有人认为复古也会卷土重来，暗黑时尚就是复古潮流的一部分。我们要了解变化的潮流。在这个世界上，没有什么是永恒的。潮流和时尚总会逝去，然而一个完整的文化降临的时候，生命力会延续很多年。哥特式风格已经进化了，因为我们的世界在变化。如今，主流文化已经接纳了许多曾经被视为"另类"的风格，时尚圈趋之若鹜，纷纷要赶上这趟暗黑之魅的"花车"。积极的一面就是越来越多的人开始更开明地看待、更深刻地理解暗黑时尚这种亚文化，了解暗黑并不只是一种颜色。暗黑时尚不再被视为摧毁主流文化的洪水猛兽。暗黑时尚给时尚界带来了有趣的、别具一格的特质和个性。

《囝囝之裙》系列作品04
材质：中国古典锁扣、牛仔布、填充棉花、
粗线、金属扣、PVC

《图圄之裙》系列作品05
材质：中国古典锁扣、牛仔布、
　　　棉质粗绳、金属扣

《图图之裙》系列作品06
材质：中国古典锁扣、牛仔布、松紧带、
填充棉花、背包卡扣

Avant-garde & Sub-culture
第四章　前卫设计与亚文化

由亚文化衍生的前卫设计风格表达了设计师对传统服饰美学的反叛，其灵感源自街头时尚，追求年轻化与标新立异，为时装界带来了个性化的审美趋势。

黄斯赟
中国
服装设计师
伦敦时装学院

《Posthuman/后人
体的改造、当代的穿刺时
即享受它带来的快感，包
我喜欢谈论"后"，"后
及人类身体功能机制的进

《"恶女"无罪》（2
又帮派Sukeban为原型所
欲望婴儿潮的产物，整个
是一种极具性别观念的抗
权平等的激情。看似被
十，也是我觉得很容，

《后人类》
材质：聚酯纤维空气层、人造皮革、手工复合、抽纱

❶ 你为什么以"暗黑风格"作为服装设计创新的主要灵感？是什么启发了你对暗黑时尚的兴趣？

暗黑时尚算是一种比较另类的风格，发生在看似不太积极甚至极端反派的语境里。于我而言，研究这样的另类文化似乎可以更好地传达我的观念与立场，以及在大文化的包围中寻找一个相对有趣的突破口。

我对暗黑时尚的兴趣应该始于"朋克文化"。我14岁的时候接触"朋克文化"，从一部1986年的电影《Sid & Nancy》开始。这部电影讲述的是一对情侣的故事。名气、毒品和性爱是他们爱情的催化剂，使他们的关系变得愈来愈放纵与狂暴，迷失在幻想与现实之间。从那之后，我逐渐从网络中了解"朋克"，从开始的好奇到向往再到痴迷，并试图站在一个90年代出生的青少年的角度去"理解"他们。我感到无比痛苦，因为生活环境的闭塞，没有人与我谈论这些狂躁不安的灵魂，也没有人让我可以试图结伴来尝试这样激进的生活。直到我离开家到很远的大城市上学，我的朋友圈里逐渐开始有和我一样兴趣爱好的人出现，也开始鼓励我去寻觅这个逐渐消逝的亚文化的踪迹。青春的偏执与狂妄啊，可能就是这种在无数个日日夜夜之后依旧念念不忘的刻在骨子里的烙印吧。

《后人类》（背面）
材质：聚酯纤维空气层、人造皮革、
手工复合、抽纱

《后人类》（局部）
材质：聚酯纤维空气层、人造皮革、
手工复合、抽纱

《后人类》（局部）
材质：聚酯纤维空气层、人造皮革、
手工复合、抽纱

❷ 请以你的设计作品（或系列作品）为例，谈谈你是如何以暗黑时尚为主题来传达设计思想的？

我的作品《"恶女"无罪》（2017年）是一组以极致黑白为基调，以20世纪60~90年代曾在日本盛行一时的的少女帮派Sukeban为原型创作的系列时装。我喜欢把这组作品称为"恶女"的原因是，少女帮派是战后绝望婴儿潮的产物，整个社会的动荡与惶恐，让她们形成了自己的小社会并建立规则。这种行为的实质是一种极具性别观念的抗议和自我保护，带着成长中的稚气，试图挑战男性性别权威和追求与男性身份权利平等。看似被黑暗阴影笼罩的世界却成为少女们最强有力的思想武器，这个观点在作品中被放大，也是我觉得贯穿一切且不可或缺的精神气质。剪裁上我参考了当时日本的学院制服，并抽取其中的"百褶"元素加以设计，再与质感不同的同色系面料相互搭配，在暗淡沉稳的哑光与尖锐锋利的反光之间对比，干净利落。一直到作品完成后，回过头来思考"恶女"文化给我带来的影响，我发现某种边缘亚文化的觉醒也许刺激着一代人的成长。我坚持暗黑风格本身也是一种具有冒险精神的诉求。

❸ 请谈谈你的个人设计风格？对你来说，时尚意味着什么？

"年轻"是我的作品的DNA。为了避免对"暗黑"把握不当而带来的简单化和流俗化，我比较专注于特殊材质的选择和不失少女感的荷叶边、褶皱等元素的运用。另外一个我认为很重要的因素是，暗黑不应该仅仅狭隘地被理解为黑色。"暗"是一种状态，任何阴郁的、负面的、消极的都可以成为"暗"的一面。极致的黑是暗黑，极致的白也可以成为暗黑。

时尚和流行是不一样的概念，流行是会过季的，可能十年、二十年、三十年之后，某样东西又回流行回来，反反复复。但是时尚意味着潜力、未来和去寻找最适合自己的东西。

《后人类》（局部）
材质：聚酯纤维空气层、人造皮革、
手工复合、抽纱

❹ 在设计过程中，对你而言最有趣的是什么？你最看重的是什么？

2018年，我创作了新的作品《后人类》，灵感源自身体改造行为，集合了传统部落对身体的改造、当代穿刺时尚艺术以及对"后人类"实现的设想。我做了一套粉色为主的时装，它看似与"暗黑"没有半点关系，但是我在这组作品里谈论的是疼痛、情欲以及对未来世界模糊的猜测。中国有句古语，"身体发肤，受之父母"，这样去"破坏"身体甚至是在自然状态下"逆行"的行为，最有趣的是两种不同的文化或者认知给我带来的感官的、心理的刺激，每一次都有新的感受。在整个设计过程中，我最看重如何以过去作为参考，用尽办法去做新的东西，去实现超越当下的观念。很多东西很难用语言表达准确，设计就像一件艺术品一样变成了我表达自己的途径。就像我前面提到的，"暗黑"看的不是衣服的颜色，最重要的是一件衣服的气质，是要让人觉得，它的出现本来就应该隶属于这个主题范畴。

❺ 你认为人们为什么推崇暗黑美学？暗黑美学体现了人们怎样的精神世界？

有人推崇暗黑美学应该还是基于某种猎奇和小众心理吧。既然能将它冠以"美学"的名义，就一定是满足了人们对于一些另类事物的渴望。"暗黑"给我，或者我认为相当一部分人，带来了力量，揣测不透的神秘构建了一个自我防御的机制，至少我在这一区域是感觉非常安全和稳定的。

《后人类》（镜像）
材质：聚酯纤维空气层、
人造皮革、手工复合、抽纱

《后人类》
材质：聚酯纤维空气层、人造皮革、手工复合、抽纱

《后人类》系列时尚插画
材质：水彩、丙烯、马克笔

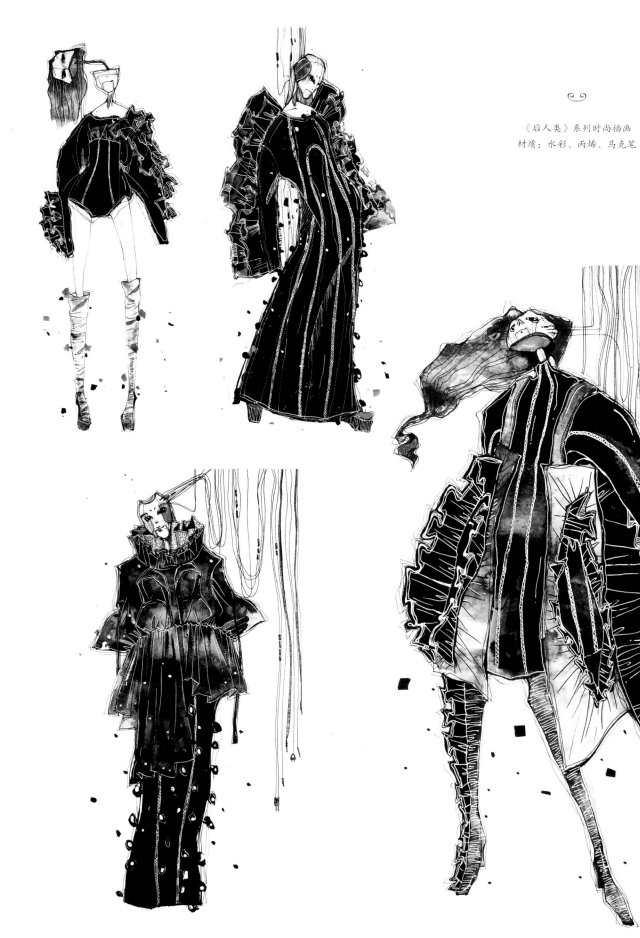

《后人类》系列时尚插画
材质：水彩、丙烯、马克笔

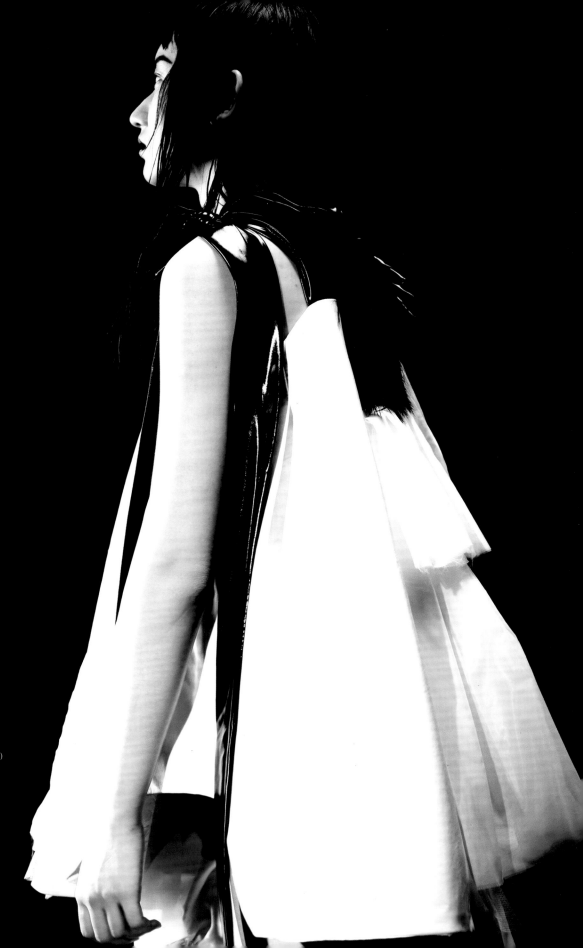

《恶女无罪》系列作品01（局部）
材质：人造皮革、尼龙欧根纱、
　　定位印花、纯棉、六角硬纱

《恶女无罪》系列作品01
材质：人造皮革、尼龙欧根纱、
定位印花、纯棉、六角硬纱

《恶女无罪》系列作品02（局部）
材质：人造皮革、尼龙欧根纱、
纯棉、聚酯纤维、手工压褶

《恶女无罪》系列作品02
材质：人造皮革、尼龙欧根纱、
纯棉、聚酯纤维、手工压褶

《恶女无罪》系列作品03
材质：人造皮革、尼龙欧根纱、
激光切割

《恶女无罪》系列作品03（局部）
材质：人造皮革、尼龙欧根纱、
激光切割

劳伦·班尼特
英国
服装设计师
曼彻斯特城市大学
laurenbennettmenswear.com

设计灵感

　　学生时代受到的各种各样的影响给我带来了第一个系列的灵感。我主要对手工工艺和学习新技能
兴趣。我喜欢结合现代材质和古早技艺，离经叛道，既有古旧的地方，又有创新的地方，两者并存。
这个系列里，我回收了一些意想不到的材质，在手工服装里利用这些回收废料。材质的历史以及在服
里的功能性，对我来说，一直很具有吸引力，尤其是皮革和单宁这两种材料。小时候我爸爸买了辆摩
机车去参加赛车比赛，于是我常常会接触到皮革和单宁。经过自己的一番研究，我锁定了历史上的"
克"时期。朋克文化通过叛逆和自我表达去改变社会，不仅影响了我父母的人生，还有他们那一代人

机车聚乐部 02
莫希干头饰——回收的鞋带
大号流苏针织物——手工编织羊毛/
丙烯酸 & 回收的鞋带

❶ 你为什么以"暗黑风格"作为服装设计创新的主要灵感？是什么启发了你对暗黑时尚的兴趣？

儿时的经历和成长的回忆造就了我的设计美学和个人风格，也给了我极丰富的灵感，因此有了我的第一个系列。我爸爸从十几岁起就是个"机车侠"。我一直很欣赏爸爸对生活的叛逆态度，受父母影响，我从小就沉浸在朋克摇滚环境里。朋克摇滚是一种代表自由和"不随大流"的亚文化。我的第一个系列也表达了这种朋克精神，展示了朋克运动的重要性。在20世纪70~80年代，年轻人通过朋克表达自我。我认为，青年文化塑造了时尚。年轻人创造一种全新的社会观，为年轻的一代提供一种自我表达的方式是十分重要的。我的目标是通过时尚来传达年轻一代的想法。

❷ 请以你的设计作品（或系列作品）为例，谈谈你是如何以暗黑时尚为主题来传达设计思想的？

朋克时尚从来都是表达立场和进行反叛的一种方式。我本人是很热衷朋克时尚的。我觉得，时尚永远都应该是一种自我表达的方式。表达自我也是设计这个系列的初衷。本系列采用手工面料和传统的针织单品，结合机车侠风范，体现了朋克文化的DIY态度。这两个主题放在一起，给这个系列增加了幽默和个性。我妈妈教过我编织，非常有创意。我从小在一个充满创意的环境里长大，喜欢学习古老的工艺，也希望能够在我的设计中复兴一些传统工艺，转换成数字印花。我喜欢用皮革和牛仔的材质。在设计史上，皮革和牛仔的运用也很多，可以为时装系列带来坚韧的质感。我用皮革和牛仔，给现代的剪裁增加了几分经典复古的韵味。

回收旧鞋带，织成线毯，用这个手工编织的线毯做了"机车夹克"。别的地方，我也有使用回收的材料。比如，那个"连身衣"里的皮革就取材于我父亲的破旧摩托车工作服。可持续性是一个重要的设计理念。我喜欢用旧衣服和旧材料，喜欢把旧料翻新。

机车聚乐部 03
大号流苏针织物——手工编织羊毛/
丙烯酸 & 回收的鞋带
链条机车牛仔裤——黑色牛仔布

机车聚乐部 03
大号流苏针织物——手工编织羊毛/
丙烯酸 & 回收的鞋带
链条机车牛仔裤——黑色牛仔布

机车聚乐部 01

流苏机车夹克——皮革 & 手工饰片

大号流苏针织物——手工编织羊毛/丙烯酸&回收的鞋带

链条机车牛仔裤——黑色牛仔布

❸ **请谈谈你的个人设计风格？对你来说，时尚意味着什么？**

我想说，我的设计风格是怀旧的。我喜欢复古服装。一想到寻觅复古的服装，想到可以分析复古服装的结构、面料和功用，我就觉得兴奋。我会浮想联翩：第一次穿上它的人是谁，她（他）又是如何摆造型的。复古的作品给我的设计带来了很多灵感。对服装设计制作的过程产生的同理心对我来说很重要，比如，了解一件皮夹克或者一条牛仔裤到底是怎么做出来的。经过时间的沉淀，服装也成为图像，也是历史的一部分。考虑到这一点，不管是通过面料创新，变革手工工艺，还是改变剪裁，挑战经典服装的传统美学都是令人激动的。

机车聚乐部 01（细节）
流苏机车夹克——皮革 & 手工饰片
大号流苏针织物——手工编织羊毛/
丙烯酸&回收的鞋带

❹ 在设计过程中，对你而言最有趣的是什么？你最看重的是什么？

我的设计，总是以创作开篇，无论是学习新工艺，还是尝试一些材料。这也是我最喜欢的一个阶段。一开始我创造的东西，都会形成最终的服装设计成品，或者变成服装设计的面料。创造样品非常耗时，往往有了一个点子，我就开始画草图，一直画，直到一个系列慢慢地成形。我的系列包括一些手工工艺，还有一些独一无二的作品，每件作品都别具一格，也会把服装的个性传递给穿上服装的人。

你认为人们为什么推崇暗黑美学？暗黑美学体现了人们怎样的精神世界？

历史上，暗黑美学是一种表达形式。现代人采用时尚这种方式，表达对政治和社会问题的态度。朋克等暗黑文化通常以音乐和其他艺术形式为中心，时尚也是一种艺术形式。钟情亚文化的人们，因为亚文化走到一起。亚文化为这些志同道合的人们提供了一种归属感。朋克场景非常重要，因为朋克不排斥女性，不把女性当成局外人。在一个从前以男性主导的行业里，朋克为女性开辟了一片天地。反过来，打扮偏中性的女朋克变得更具有表现力。朋克场景中不存在性别歧视，给未来传递了一个重要的信息。

机车聚乐部 04

流苏机车夹克——皮革 & 手工饰片

大号流苏针织物——手工编织羊毛/丙烯酸 & 回收的鞋带

机车工装裤——皮革 & 回收的丙烯酸防护外套

机车聚乐部 05

彩虹马甲——手工编织羊毛/丙烯酸

链条机车牛仔裤——黑色牛仔布

机车聚乐部 04
大号流苏针织物——手工编织羊毛/
丙烯酸 & 回收的鞋带
机车工装裤——皮革 & 回收的丙烯酸
防护外套

瓦尼亚·塔夫尔
秘鲁
服装设计师
乔里卡时装学校

设计灵感

　　INVULNERABLES系列的灵感来源是秘鲁和其他几个南美洲国家兴起的女权主义运动。所以，这个系列的叙事是关于复原力、力量、意识和赋权的。音乐是我设计过程的重要组成部分。画草图的时候，每一笔都会踩准摇滚乐的节奏。朋克等黑暗美学为现代主义建筑奠定了很好的概念基础。因此，我认为功能性与形式、线性的简洁性和细节的丰富性都息息相关。

　　在设计的叙事中，颜色贯穿每个阶段。从全黑色到白色，但是从头至尾都不会完全摒弃黑色，黑色在每一种颜色（甚至是白色）上渐变淡化，也是在提醒我们，混沌难辨始终是自我的一部分。

《勿听》

材料：丝绸、秘鲁羊驼毡、皮革

访谈

❶ 你为什么以"暗黑风格"作为服装设计创新的主要灵感？是什么启发了你对暗黑时尚的兴趣？

说到黑暗美学的身份认同，有一部分与叛逆、"反建制"的理想主义有关。暗黑变成一种时尚，不仅仅是一个关于色彩的问题，而是一种沟通方式。音乐、建筑和社会意识，不管是直接有关，还是间接相关，全部都是我的灵感来源。设计中我讲述的故事，灵感的来源和故事的核心都是力量和复原力，材质创新是把整个设计项目粘合在一起的关键因素。

❷ 请以你的设计作品（或系列作品）为例，谈谈你是如何以暗黑时尚为主题来传达设计思想的？

《无有》（Don't Exist）描述的是在家长式作风盛行的社会里，理想中的女性几乎被塑造成某种宗教偶像。默默无闻，不为人所看见。人们总是不断地提醒，女性无法自立，没有了男性，女性的生活将失去意义。该作品的灵感源于Escuela Cuzquena（库斯科学院派）的宗教题材创作和秘鲁库斯科的装饰性斗篷。

《勿说》（Don't talk）讲述的是关于女性的故事。她曾经拼尽全力，只为了满足残酷社会对她的种种期待。她失败了，满身伤痕。她后来找到了真正的自己，选择反抗。她将伤痛化作坚强的动力，再也不想默默无闻，再也不是不堪一击。

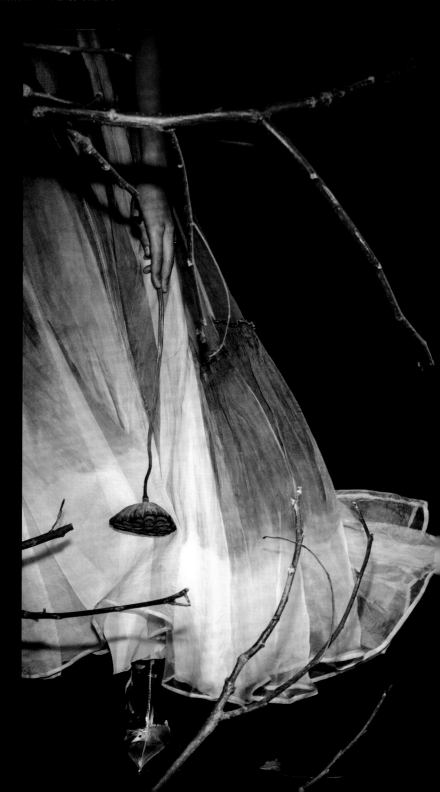

∽

《勿听》（细节）
材料：丝绸、秘鲁羊驼毡、皮革

《勿听》
材料：丝绸、秘鲁羊驼毡、皮革

❸ **请谈谈你的个人设计风格？对你来说，时尚意味着什么？**

时尚是一种消费者与时装设计师沟通的方式。每参与一个系列的时装设计时，概念设计上，我都会选择一些值得探讨的社会话题，把这个作为整个系列设计工作的思维核心。如此一来，我可以找到一些关联，寻求一些平台来展示作品、工匠、大师和合作伙伴，分享音视频素材，确定故事讲述的时机和方式。

鲜明的轮廓、混合的搭配、浮夸的配饰、混沌的模糊和适度的凌乱都是我的一部分，是我人生故事的结局，也是我与自己的心魔抗争之后的结果。对我而言，时尚是沟通，是一种通过服装的美揭露真相的丑的方式。

《无有》
材料：丝绸、秘鲁羊驼毡、皮革、羊驼毛

《勿说》
材料：秘鲁皮马棉、秘鲁羊驼毡、皮革

❹ 在设计过程中，对你而言最有趣的是什么？你最看重的是什么？

最有趣的部分是把概念和故事带入服装。做设计的时候，我想创造兼具功能性和商业性又十分前卫的作品，作品的丰富性很大程度上能减缓新型材质带来的干预感。对于每一件单独的作品，都需要外形和工艺为设计理念正名。这样，即使没有说明设计的缘由，整个系列的情感也能很好地传播。

《无有》
材料：丝绸、秘鲁羊驼毡、
皮革、羊驼毛

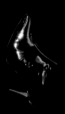

❺ 你认为人们为什么推崇暗黑美学？暗黑美学体现了人们怎样的精神世界？

暗黑美学丰富了我们的想象，让人逃离忙碌的生活。还有，哥特式、朋克式和摇滚式的美学结构复杂，工艺精湛。

暗黑美学代表一扇逃离之门。在这里，人们可以有缺陷、可以软弱、可以有难以言说的混沌思想，不必惧怕痛苦、可以进化成更强大的自我。

《反击》
材料：羊驼呢、丝绸、
皮革、羊驼毛

《无有》（细节）
材料：丝绸、秘鲁羊驼毡、皮革、羊驼毛

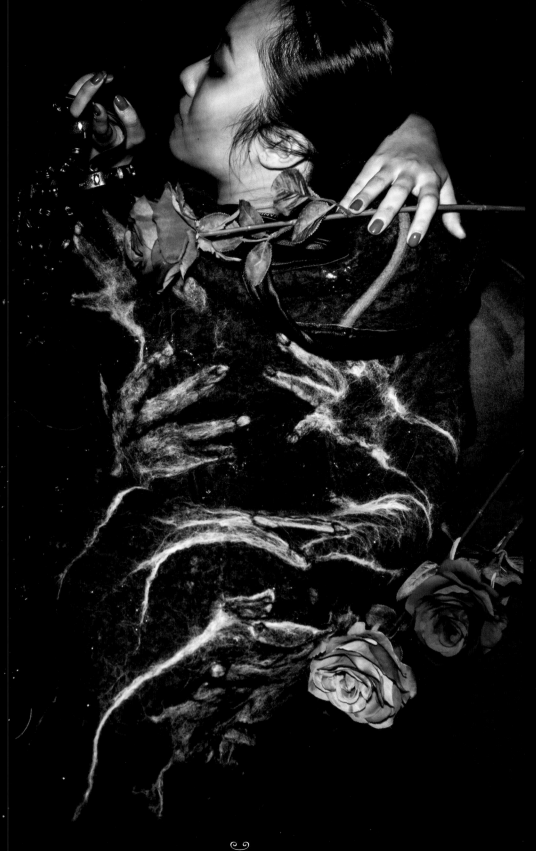

《无有》（细节）
材料：丝绸、秘鲁羊驼毡、皮革、羊驼毛

《勿视》
材料：棉/羊驼毛混合织物、秘鲁羊驼毡、
皮革、秘鲁全棉

Emotion & Abstraction

第五章　情感与抽象

情感化设计是永恒的主题。设计师从自身的情感体验出发，以线条、造型和质感等理性的抽象语言表达生命的律动和情感的力量。

阴思培
中国
服装设计师
北京服装学院

设计灵感

　　《我并不是你看到的那样》是以人类神秘的"联觉"功能为灵感，探索同一刺激下不同感官产生不同感受，通过采用不同领域的材料实验，开发出新的服装体验。

《我并不是你看到的那样》系列作品01
材质：PVC网、人造皮革、定点刺绣

❶ 你为什么以"暗黑风格"作为服装设计创新的主要灵感？是什么启发了你对暗黑时尚的兴趣？

黑和白是相对和相通的。在中国文化中，黑给人留下的感受是无，但也是全部。东方文化中的黑有着不可
比拟的力量，这是个取之不尽、用之不竭的源泉。

《我并不是你看到的那样》
系列作品01
材质：PVC网管、人造皮革
定点刺绣

《我并不是你看到的那样》
系列作品01
材质：PVC网管、人造皮革、
定点刺绣

❷ 请以你的设计作品（或系列作品）为例，谈谈你是如何以暗黑时尚为主题来传达设计思想的？

作品《我并不是你看到的那样》想要传达的是一种抽象的精神意识"联觉"。黑色用来表达抽象的感受最合适不过，它可以承载更多的想象力。

《我并不是你看到的那样》系列作品03
材质：人造皮革、空气层定点

⑤ 你认为人们为什么推崇暗黑美学？暗黑美学体现了人们怎样的精神世界？

可能"黑"就好像希腊神话中的潘多拉盒子，对未知的好奇心太强烈，才导致人们探索的脚步不止。

《我并不是你看到的那样》系列作品04
材质：聚酯纤维定位肌理
《我并不是你看到的那样》系列作品03
材质：人造皮革、空气层定点

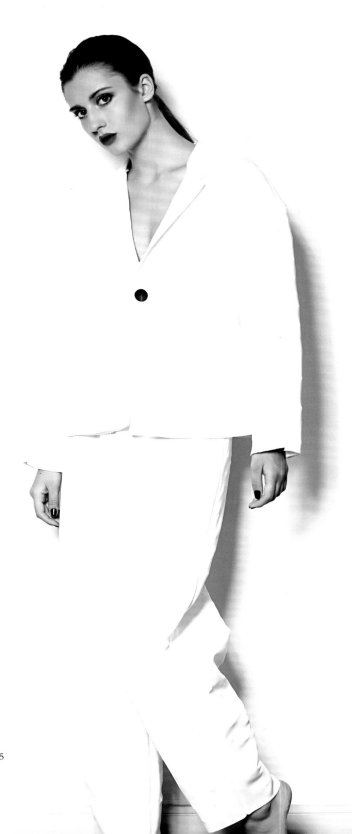

《我并不是你看到的那样》系列作品05
材质：双面聚酯纤维、豆纤维

《我并不是你看到的那样》系列作品06
材质：硅橡胶、聚酯纤维空气层

徐徐
中国
服装设计师
马可·未（Makee·Vi）
品牌设计总监

设计灵感

　　《孤独重奏》的设计灵感来源于重奏曲，重奏曲是各声部均由一人演奏的多声部器乐曲，是一种孤独的演奏形式。乐曲本就是说话的另一种方式，让服装成为语言，是创作本系列的目的。

《孤独重奏》系列作品01
材质：棉、麻、丝绒

《孤独重奏》系列作品01
材质：棉、麻、丝绒

❶ 你为什么以"暗黑风格"作为服装设计创新的主要灵感？是什么启发了你对暗黑时尚的兴趣？

与其说"暗黑"是一个关键词、一种风格或是一类颜色，它更适合作为一种语言，替人们表达那些大概永远也说不出口的话。而"孤独"就是那些无法与人诉说的心思。这便是我以"暗黑"作为服装设计创新灵感的原因。

在黑色里面能感知丰富的彩色。光照下的涂鸦色彩斑斓，黑暗的深处一定是光明。永远也探索不尽的黑色，永远都拥抱着秘密的黑色，也是我一直追求的。

❷ 请以你的设计作品（或系列作品）为例，谈谈你是如何以暗黑时尚为主题来传达设计思想的？

本系列以"孤独"为中心灵感，孤独的人看起来是安静的、沉寂的、暗哑而毫无色彩的，可孤独的心却是忐忑的、不安的，每刻的情绪都变幻莫测、波涛汹涌。所以，我用了最纯的黑色作为整个系列的主色，以层层折叠的皱褶环绕成裙体，来表达孤独患者内心的坚硬如围墙或者波动不安却柔软、脆弱。

黑色的褶皱能够让焦点更加集中，层次更加分明。那一个个被折叠的影子，就是孤独者被湮没在心底深处的阴暗。

《孤独重奏》系列作品02
材质：棉、麻、丝绒

孤独变奏 系列作品03
材质：棉、麻、丝绒

❸ 请谈谈你的个人设计风格？对你来说，时尚意味着什么？

个人风格这个问题，确实让我想了一会，民族的穿着状态，并非元素与时尚结合。我喜欢将多变的结构和工艺相结合，包括简单的廓形、繁复的工艺与技术。时尚对我来说，就是能够体现生活现状的一种表达方式，是服装、艺术与生活的一个临界点，是放荡不羁、桀骜不驯又充满烟火气的一种存在。

❹ 在设计过程中，对你而言最有趣的是什么？你最看重的是什么？

在设计过程中，我觉得最有趣的点，就是一步一步眼看着自己的东西由想法开始渐渐成形，我的每一笔、每一画都会成就它不同的模样。设计中，我比较看重的是对一个作品的热情和投入度，珍惜设计、珍惜每一个作品，是对设计最基本的尊重。

《孤独重奏》系列作品03
材质：棉、麻、丝绒

《孤独重奏》系列作品04（细节）

材质：棉、麻、丝绒

❺ 你认为人们为什么推崇暗黑美学？暗黑美学体现了人们怎样的精神世界？

经常听到有人问，你有内心的阴暗面吗？大部分答案是，有啊，是人就总会有黑暗的一面。我想，这种普遍性大概就是人们推崇暗黑美学的原因吧。黑色本身可以是一个形容词，但又有很多的形容词可以用来描述黑色。冷酷的同时充满了包容和可能。让每个人都可以恰如其分地贴上一层属于自己的暗黑标签。暗黑美学本就可以给人带来一种归属感。很多年轻人都偏爱暗黑美学，因为大都需要黑色给青春增加分量，来抵抗内心的脆弱和来自外界庞杂的审视。暗黑就是一道不透风的墙，体现了人们封闭而混沌、柔软而轻松的精神世界。

沐盈孜
中国台湾
独立设计师
台湾实践大学

在大学期间，我接受了
复练习，实现了精准完美的
服装细节，来述说自己对服

《成为一名战士》系列作品01
材质：毛织带、钉珠

你为什么以"暗黑风格"作为服装设计创新的主要灵感？是什么启发了你对暗黑时尚的兴趣？

黑色沉稳、内敛和时尚。对我来说，好的服装版型和细节是设计中的重点，使用黑色更能凸显优势。黑色代表黑暗和恐惧，让人捉模不定，具有神秘感，与黑暗交接既危险又令人兴奋，就像住在我头脑中的小恶魔。

请以你的设计作品（或系列作品）为例，谈谈你是如何以暗黑时尚为主题来传达设计思想的？

黑色虽然是单色，却可以运用各种质感而创造出不同的光泽效果，亮面或哑光面料使服装看上去更有层次感。运用欧根纱的透明度在上面刺绣梅花，穿着效果如同烙在身上的刺青。搭配缎布有着光泽感和巧妙的拼接，使服装呈现出强烈的对比效果。同系列服装也使用了亮片和珠子，虽然这些是女性化的象征，但在我的设计中也是中性的，更是帅性的。版型的巧妙设计让服装具有立体感，在灯光下也有更好的效果。

请谈谈你的个人设计风格？对你来说，时尚意味着什么？

时尚对我来说像个革命者，只能不断向前，绝无退路。

《成为一名战士》系列作品02
材质：低密度面料、亮片；
防水面料、毛皮（帽子）

《成为一名战士》系列作品02（局部）
材质：低密度面料、亮片；
防水面料、毛皮（帽子）

《成为一名战士》
系列作品03
材质：鸡眼纽扣、
多种扣子、黑绳

对我而言，最有趣的部分是在设计过程中使用特殊版型。我也常使用立裁的方式，立裁比纸上打版有趣且能带来惊喜感。我看重服装的整体效果，帽子、手套、包包、鞋子等都是我关注的重点。

⑤ **你认为人们为什么推崇暗黑美学？暗黑美学体现了人们怎样的精神世界？**

黑暗的反面是光明，就像有光的地方就有阴影一样。我欣赏暗黑时尚没有特别的理由，就像爱上一个人一样自然。黑色其实像一个没有年龄、没有角色的事物，任你塑造，所以人们喜欢使用黑色，并赋予其"名称""地位"或是"价值"。

《成为一名战士》系列作品 0
材质：低密度面料、亮片；
《成为一名战士》系列作品 0
材质：毛织带、钉珠

《成为一名战士》系列作品05
材质：欧根纱、刺绣、
缎布、防水布（帽子）

《成为一名战士》系列作品06
材质：皮革、刺绣、
透纱、金葱绒布

董璇
中国
设计师
广州美术学院

设计灵感

我视服装为人体的雕塑，与人体雕塑合为一体的软雕塑。人成衣，衣亦成人。

我的设计以天然毛纤维材料为主要的创作媒介，以传统手工造纸的制作工艺为技术依托，改变以往毛纤维的创作方式，挖掘其在视觉肌理和触觉肌理中构成的特性，使纯粹的材料美升华为丰富多变的肌理美，呈现出强烈的生命力和艺术感染力。

《软雕塑》

材质：毛纤维、纱、树脂、塑型骨、柳藤

访谈

❶ 你为什么以"暗黑风格"作为服装设计创新的主要灵感？是什么启发了你对暗黑时尚的兴趣？

"暗黑"于我而言是一种作品风格，也是一种状态表达，是在创作过程中无意间表露出来的情绪。亚历山大·麦昆（Alexander McQueen）的暗黑时尚苍凉，川久保玲（Rei Kawakubo）的暗黑时尚前卫，约翰·加利亚诺（John Galliano）的暗黑时尚戏剧，梅森·马丁·马吉拉（Maison Martin Margiela）的暗黑时尚狂野，不同风格的大师对暗黑的阐释启发了我对暗黑时尚的兴趣。

❷ 请以你的设计作品（或系列作品）为例，谈谈你是如何以暗黑时尚为主题来传达设计思想的？

作品《软雕塑》视服装为人体的雕塑，与人体雕塑合为一体的软雕塑。人成衣，衣亦成人。作品《融》以天然毛纤维材料为主要的创作媒介，以传统手工造纸的制作工艺为技术依托，改变以往毛纤维的创作方式，挖掘其在视觉肌理和触觉肌理中构成的特性，使纯粹的材料美升华为丰富多变的肌理美，呈现出强烈的生命力和艺术感染力。

《软雕塑》（局部）
材质：毛纤维、纱、树脂、塑型膏、柳藤

❸ 请谈谈你的个人设计风格？对你来说，时尚意味着什么？

　　我的个人设计风格就是暗黑风格。时尚于我意味着推陈出新。

❹ 在设计过程中，对你而言最有趣的是什么？你最看重的是什么？

　　在设计过程中，最有趣的是能让深藏于内心的看不见的东西显现出来；是一种未知的探索实像的过程和实像与虚像的一场邂逅。我最看重的是创作过程中内心状态与作品之间的交流，与材料的相遇、与形象的对话、与自身的对峙和角力。

《软雕塑》
材质：毛纤维、纱、树脂、
塑型骨、柳藤

❾ 你认为人们为什么推崇暗黑美学？暗黑美学体现了人们怎样的精神世界？

我觉得暗黑美学有神秘的吸引力，类似一种虚境，相比于其他美学更具开放性与包容性。世间万物，阴阳两级，暗黑美学往往揭示出人们通常忽略的现实和真实的另一面，内在却有表现主义的精神气质，一种别样的乌托邦，更加具有精神性的力量。

《软雕塑》
材质：毛纤维、纱、树脂、
　　　塑型膏、柳藤

北京服装学院高水平教师队伍建设专项资金
（编号：BIFTTD201803）
国际时尚传播研究与实践

侵权举报电话

全国"扫黄打非"工作小组办公室　　　　　中国青年出版社
010-65233456　65212870　　　　　　　010-50856028
http://www.shdf.gov.cn　　　　　　　　E-mail: editor@cypmedia.com

图书在版编目（CIP）数据

暗黑时尚：创意、融合与新生 / 钱婧曦编著.
—北京：中国青年出版社，2019.1
ISBN 978-7-5153-5409-5
Ⅰ.①暗…　Ⅱ.①钱…　Ⅲ.①服装设计—作品集—世界—现代　Ⅳ.①TS941.28
中国版本图书馆 CIP 数据核字（2018）第 270237 号

暗黑时尚：创意、融合与新生

钱婧曦 / 编著

出版发行：中国青年出版社
地　　址：北京市东四十二条 21 号
邮政编码：100708
电　　话：(010) 50856188 / 50856189
传　　真：(010) 50856111
企　　划：北京中青雄狮数码传媒科技有限公司

策划编辑：郭　光　曾　晟
责任编辑：刘稚清　张　军
封面制作：叶一帆　邱　宏
印　　刷：深圳精彩印联合印务有限公司
开　　本：889×1194　1/16
印　　张：11.5
版　　次：2019 年 5 月北京第 1 版
印　　次：2019 年 5 月第 1 次印刷
书　　号：ISBN 978-7-5153-5409-5
定　　价：118.00 元

本书如有印装质量等问题，请与本社联系　电话：(010) 50856188 / 50856189
读者来信：reader@cypmedia.com　　　投稿邮箱：author@cypmedia.com
如有其他问题请访问我们的网站：http://www.cypmedia.com